BEI GRIN MACHT SICH IHR WISSEN BEZAHLT

- Wir veröffentlichen Ihre Hausarbeit,
  Bachelor- und Masterarbeit

- Ihr eigenes eBook und Buch -
  weltweit in allen wichtigen Shops

- Verdienen Sie an jedem Verkauf

Jetzt bei www.GRIN.com hochladen und kostenlos publizieren

Stefan Kruse

Einführung in die Boolesche Algebra

GRIN Verlag

Bibliografische Information der Deutschen Nationalbibliothek:

Die Deutsche Bibliothek verzeichnet diese Publikation in der Deutschen National-
bibliografie; detaillierte bibliografische Daten sind im Internet über http://dnb.d-
nb.de/ abrufbar.

Impressum:

Copyright © 2010 GRIN Verlag GmbH
Druck und Bindung: Books on Demand GmbH, Norderstedt Germany
ISBN: 978-3-640-70494-1

Inhaltsverzeichnis

1 Einführung in die boolesche Algebra

Begründer und Namensgeber der booleschen Algebra ist der englische Mathematiker George Boole. Boole wurde am 2. November 1815 in Lincoln geboren und starb am 18. Dezember 1864 in Ballintemple. Ursprünglich war er als Lehrer tätig, ehe er 1848 Mathematikprofessor am Queens College in Cork wurde. Boole begründete die moderne mathematische Logik, in dem er durch seine Algebra der Logik die klassische philosophische Logik formalisierte. Die Grundgedanken Booles wurden durch verschiedene Mathematiker, wie beispielsweise Ernst Schröder oder Giuseppe Peano, schließlich zu dem modifiziert was heute unter boolesche Algebra verstanden wird.[1]

Die boolesche Algebra findet im Alltag Anwendung beim Entwerfen von elektronischen Schaltungen bis hin zu Computern.

Dabei wird in der booleschen Algebra zunächst von den zwei Zuständen „wahr" und „falsch" ausgegangen. Diese entsprechen in einem elektronischen Schaltkreis den beiden möglichen Zuständen „Strom fließt" und „Strom fließt nicht". Dieser Sachverhalt wird nun folgendermaßen mathematisch modelliert[2]:

Grundsätzlich wird von der Menge {0,1} ausgegangen. Es stehen also lediglich die Elemente 0 und 1 zur Verfügung. Nun wird der Zustand „Strom fließt" durch die Zahl 1 und der Zustand „Strom fließt nicht" durch die Zahl 0 modelliert. Darauf aufbauend sind in der booleschen Algebra die drei Operationen Konjunktion, Disjunktion und Negation definiert. Diese sollen im nächsten Kapitel ausführlich behandelt werden.

2 Grundlegende Operationen und Gesetze

2.1 Die Konjunktion

Die Konjunktion ist eine binäre Verknüpfung, die somit also von genau zwei Argumenten abhängig ist. Die Konjunktion wird auch die „Und-Verknüpfung" genannt und durch das mathematische Symbol $\wedge$ in der Form a $\wedge$ b ausgedrückt. Die Konjunktion ist per Definition genau dann 1, wenn das erste und das zweite Argument 1 ist. In jedem anderen Fall ist sie 0. Veranschaulichen lässt sich die Konjunktion anhand einer sogenannten Verknüpfungstafel (vgl. Abbildung 1). Hier werden alle Verknüpfungsmöglichkeiten der beiden Argumente bezüglich einer Konjukntion dargestellt. Sie verdeutlicht, dass eine Konjunktion tatsächlich nur dann 1 ist, wenn beide Argumente ebenfalls 1 sind.

$\wedge$	0	1
0	0	0
1	0	1

Abbildung 1: Verknüpfungstafel bezüglich der Konjunktion

---

[1]vgl. http://teacher.schule.at/schaltalgebra/boole.html♯biogr
[2]vgl. Beutelspacher, 2007, S.191

Die Konjunktion lässt sich im Hinblick auf ihre praktische Anwendung leicht anhand einer Reihenschaltung verdeutlichen (vgl. Abbildung 2).

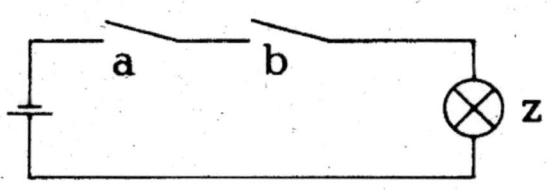

Abbildung 2: Eine Reihenschaltung [3]

Die Argumente a und b stellen hier eine Reihenschaltung in einem Schaltkreis dar. Logischerweise kann in diesem Schaltkreis nur Strom fließen, wenn beide Schalter, also die Argumente a und b geschlossen sind. Strom fließt also nur dann, wenn beide Schalter auf „Strom fließt" gestellt sind. In allen anderen Fällen ist der Stromkreis unterbrochen, Strom könnte somit nicht fließen. Dieser Sachverhalt wird durch eine Konjunktion ausgedrückt.

2.2 Die Disjunktion

Die Disjunktion ist ebenfalls eine binäre Verknüpfung. Sie wird auch die „Oder-Verknüpfung" genannt und durch das mathematische Symbol $\vee$ in der Form a $\vee$ b dargestellt. Das „Oder" dieser Disjunktion ist hier allerdings als „einschließendes Oder" und nicht im Sinne von „entweder oder" zu verstehen. Die Disjunktion ist per Definition genau dann 1, wenn das erste <u>oder</u> das zweite Argument 1 ist. Die Disjunktion ist also nur dann 0, wenn beide verknüpften Argumente ebenfalls 0 sind Fall. Auch diese Verknüpfung lässt sich wieder anhand einer Verknüpfungstafel verdeutlichen (vgl. Abbildung 3):

$\vee$	0	1
0	0	1
1	1	1

Abbildung 3: Verknüpfungstafel bezüglich der Disjunktion

Auch bei der Disjunktion wird der Alltagsbezug deutlich, wenn man sich eine Parallelschaltung vorstellt (vgl. Abbildung 4).

---

[3]http://www.oldenbourg-wissenschaftsverlag.de/fm/694/3-486-58370-p.pdf

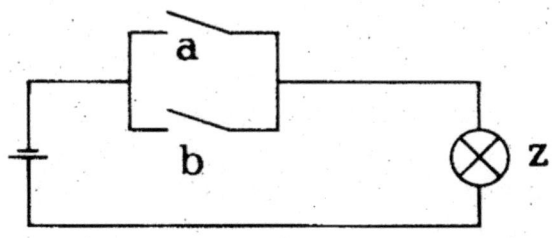

Abbildung 4: Eine Parallelschaltung [4]

Die Argumente a und b stellen hier eine Parallelschaltung in einem Schaltkreis dar. In diesem Schaltkreis kann nur Strom fließen, wenn ein oder beide Schalter geschlossen sind. Strom fließt also nur dann, wenn mindestens ein Schalter beziehungsweise Argument auf „Strom fließt" gestellt ist. Sind beide Schalter geöffnet ist der Stromkreis unterbrochen und kein Strom fließt. Genau dieser Sachverhalt wird durch eine Disjunktion ausgedrückt.

2.3 Die Negation

Die Negation ist keine binäre Verknüpfung, verlangt somit also lediglich ein Argument. Sie wird auch **Nicht**-Operator genannt und durch das mathematische Symbol ¬ in der Form ¬a ausgedrückt. Die Negation ist 0, wenn das Argument 1 ist und 1 wenn das Argument 0 ist. Die Negation lässt sich ebenfalls anhand einer Verknüpfungstafel veranschaulichen (vgl. Abbildung 5).

x	¬x
0	1
1	0

Abbildung 5: Verknüpfungstafel bezüglich der Negation

Die drei vorgestellten Operationen können nun mehrfach hintereinander ausgeführt werden, so dass komplexere boolesche Ausdrücke erzeugt werden können. Die Operationen besitzen allerdings unterschiedliche Prioritäten. In einem booleschen Ausdruck wird nach einer festgelegten Reihenfolge zunächst die Negation, dann die Konjunktion und abschließend die Disjunktion ausgeführt. Höchste Priorität besitzt in der booleschen Algebra die Klammersetzung. Dank der Klammersetzung können also Teilausdrücke entgegen der festgelegten Priorität bevorzugt werden.

Neben den definierten Operationen gelten eine Reihe von Rechengesetzen, die nun genauer in Satz 1 vorgestellt werden[5].

---

[4]http://www.oldenbourg-wissenschaftsverlag.de/fm/694/3-486-58370-p.pdf
[5]vgl. Beutelspacher, 2007, S.191

2.4 Satz 1

Für alle x, y, z $\in \{0,1\}$ gelten folgende Gesetze:

Kommutativgesetze.:

$$x \wedge y = y \wedge x \quad \text{und} \quad x \vee y = y \vee x \tag{1}$$

Assoziativgesetze:

$$x \wedge (y \wedge z) = (x \wedge y) \wedge z \quad \text{und} \quad x \vee (y \vee z) = (x \vee y) \vee z \tag{2}$$

Distributivgesetze:

$$x \vee (y \wedge z) = (x \vee y) \wedge (x \vee z) \quad \text{und} \quad x \wedge (y \vee z) = (x \wedge y) \vee (x \wedge z) \tag{3}$$

Existenz neutraler Elemente:

$$1 \wedge x = x \quad \text{und} \quad 0 \vee x = x \tag{4}$$

Existenz des Komplements:

$$x \wedge \neg x = 0 \quad \text{und} \quad x \vee \neg x = 1 \tag{5}$$

Exemplarisch soll nun das Assoziativgesetz bewiesen werden. Sei x, y, z $\in \{0,1\}$ gegeben und zu zeigen ist x $\wedge$ (y $\wedge$ z) = (x $\wedge$ y) $\wedge$ z und x $\vee$ (y $\vee$ z) = (x $\vee$ y) $\vee$ z. Der Beweis erfolgt nun mittels einer so genannten Wertetabelle (vgl. Abbildung 6).

x	y	z	y $\wedge$ z	x $\wedge$ (y $\wedge$ z)	x $\wedge$ y	(x $\wedge$ y) $\wedge$ z
0	0	0	0	0	0	0
0	0	1	0	0	0	0
0	1	0	0	0	0	0
0	1	1	0	0	0	0
1	0	1	0	0	0	0
1	1	0	0	0	1	0
1	1	1	1	1	1	1

Abbildung 6.1: Beweis des Kommutatativgesetzes bzgl. der Konjunktion

5

x	y	z	y ∨ z	x ∨ (y ∨ z)	x ∨ y	(x ∨ y) ∨ z
0	0	0	0	0	0	0
0	0	1	1	1	0	1
0	1	0	1	1	1	1
0	1	1	1	1	1	1
1	0	1	1	1	1	1
1	1	0	1	1	1	1
1	1	1	1	1	1	1

Abbildung 6.2: Beweis des Kommutatativgesetzes bzgl. der Disjunktion

In der Wertetabelle werden zunächst alle Kombinationsmöglichkeiten von x, y und z aufgelistet. Schließlich werden die geforderten Operationen durchgeführt und die entsprechenden Spalten verglichen (Spalte 5 und 7). Es zeigt sich, dass die betrachteten Spalten die gleichen Werte besitzen. Dies bedeutet, dass bei jeder Kombination von x, y, und z stets dasselbe Ergebnis hervorgeht, unabhängig davon wie die Klammern gesetzt werden. Das Kommutativgesetz wurde somit bewiesen.

□

Analog dazu könnte man die anderen Gesetze ebenfalls mittels Wertetabellen beweisen.

Aus Satz 1 wird deutlich, dass die Gesetze aus jeweils zwei Teilen bestehen und diese auseinander hervorgehen, wenn man ∧ und ∨, sowie 1 und 0 gleichzeitig vertauscht. Diese Eigenschaft der booleschen Algebra wird Dualität genannt und folgendermaßen definiert:

Dualität: *Jede Aussage, die aus Satz 1 folgt, bleibt gültig, wenn die Operationen ∧ und ∨ sowie die Elemente 1 und 0 überall gleichzeitig vertauscht werden.*

2.5 Satz 2

Für alle x, y, z ∈ {0,1} gelten weiterhin folgende Gesetze:

Absorptionsgesetze:

$$x \wedge (x \vee y) = x \quad \text{und} \quad x \vee (x \wedge y) = x \tag{6}$$

Idempotenzgesetze:

$$x \vee x = x \quad und \quad x \wedge x = x \tag{7}$$

Involutionsgesetze:

$$\neg(\neg x) = x \tag{8}$$

6

Gesetze von de Morgan

$$\neg(x \wedge y) = \neg x \vee \neg y \quad \text{und} \quad \neg(x \vee y) = \neg x \wedge \neg y \tag{9}$$

Die oben aufegführten Gesetze könnten nach dem uns bekannten Verfahren, also mittels Wertotabellen bewiesen werden. Man kann aber auch auf die bereits bewiesenen Gesetze aus Satz 1 zurückgreifen und somit die Gesetze aus Satz 2 beweisen. Exemplarisch soll diese Beweisführung am Beispiel der Absorptionsgesetze durchgeführt werden. Sei x, y, z $\in$ {0,1} gegeben und gezeigt wird, dass x $\wedge$ (x $\vee$ y) = x und x $\vee$ (x $\wedge$ y) = x gilt.

Zunächst erweitern wir den booleschen Ausdruck folgendermaßen:

$$x \wedge (x \vee y) = (x \vee 0) \wedge (x \vee y)$$

Diese Erweiterung darf durchgeführt werden, denn nach (4) gilt, dass 0 das neutrale Element bezüglich der Disjunktion darstellt und somit den booleschen Ausdruck nicht verändert. Nach (3) gilt weiterhin das Distributivgesetz, so dass wir den booleschen Ausdruck folgendermaßen umformen können:

$$(x \vee 0) \wedge (x \vee y) = x \vee (0 \wedge y)$$

Betrachten wir nun die in Klammern gesetzte Konjunktion (0 $\wedge$ y) stellen wir fest, dass diese Verknüpfung per Definition 0 ist. Denn nur wenn beide Argumente 1 sind, ist die Verknüpfung auch 1. Da aber ein Argument bereits 0 ist, können wir für diese Konjunktion auch 0 schreiben:

$$x \vee (0 \wedge y) = x \vee 0$$

Da 0 nach (4) das neutrale Element bezüglich der Disjunktion darstellt können wir diese auch vernachlässigen:

$$x \vee 0 = x$$

Das Absorptionsgesetz bezüglich der Konjunktion wurden somit bewiesen.

$\square$

Aufgrund der Dualität könnten wir in jedem dieser im Beweis durchgeführten Schritte $\wedge$ und $\vee$, sowie 0 und 1 vertauschen und haben so das Absorptionsgesetz bezüglich der Disjunktion bewiesen:

$$x \vee (x \wedge y) = x$$

$\square$

3 Literaturverzeichnis

Literatur:

Beutelspacher, A. (2007). *Diskrete Mathematik für Einsteiger.* Wiesbaden: Vieweg

Internetquellen:

http://teacher.schule.at/schaltalgebra/boole.html#biogr

http://www.oldenbourg-wissenschaftsverlag.de/fm/694/3-486-58370-p.pdf